BEI GRIN MACHT SICH IHR
WISSEN BEZAHLT

- Wir veröffentlichen Ihre Hausarbeit,
  Bachelor- und Masterarbeit

- Ihr eigenes eBook und Buch -
  weltweit in allen wichtigen Shops

- Verdienen Sie an jedem Verkauf

Jetzt bei www.GRIN.com hochladen
und kostenlos publizieren

GRIN

Bibliografische Information der Deutschen Nationalbibliothek:

Die Deutsche Bibliothek verzeichnet diese Publikation in der Deutschen National-
bibliografie; detaillierte bibliografische Daten sind im Internet über http://dnb.d-
nb.de/ abrufbar.

Impressum:

Copyright © 2010 GRIN Verlag, Open Publishing GmbH
Druck und Bindung: Books on Demand GmbH, Norderstedt Germany
ISBN: 9783640621705

Philipp Ceolin

Beweis zum Feuerbachkreis im Dreieck mit elementaren Eigenschaften

Besondere Punkte eines Dreiecks

GRIN Verlag

GRIN - Your knowledge has value

Der GRIN Verlag publiziert seit 1998 wissenschaftliche Arbeiten von Studenten, Hochschullehrern und anderen Akademikern als eBook und gedrucktes Buch. Die Verlagswebsite www.grin.com ist die ideale Plattform zur Veröffentlichung von Hausarbeiten, Abschlussarbeiten, wissenschaftlichen Aufsätzen, Dissertationen und Fachbüchern.

Besuchen Sie uns im Internet:

http://www.grin.com/

http://www.facebook.com/grincom

http://www.twitter.com/grin_com

P. Ceolin

Inhaltsverzeichnis

P. Ceolin

Abbildungsverzeichnis

Der Feuerbachkreis

Definition Feuerbachkreis:

Der Feuerbachkreis ist der Umkreis des Mittendreiecks ΔA'B'C' eines Dreiecks ΔABC.

Wir werden uns im folgenden stets auf das Dreieck Δ ABC beziehen.

Satz 1

Die Mittelpunkte $P_a P_b P_c$ der Strecken HA, HB und HC, wobei H der Höhenschnittpunkt des Dreiecks ΔABC ist, liegen ebenfalls auf dem Feuerbachkreis.

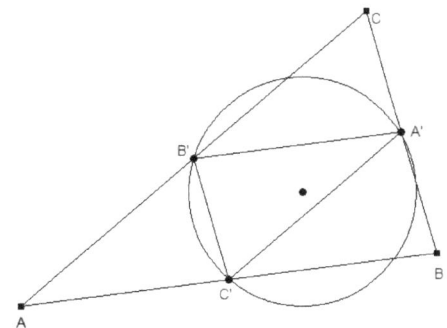

Abbildung 1: Umkreis des Mittendreiecks A'B'C'

Beweis:
Gegeben ist das Dreieck mit den Punkten A',B' und C' als Mittelpunkte der Strecken $\overline{BC}$, $\overline{AC}$ und $\overline{AB}$. Der Höhenschnittpunkt ist H und die Punkte $P_a P_b P_c$ sind als die Mittelpunkte der Strecken $\overline{HA}$, $\overline{HB}$ und $\overline{HC}$ definiert.

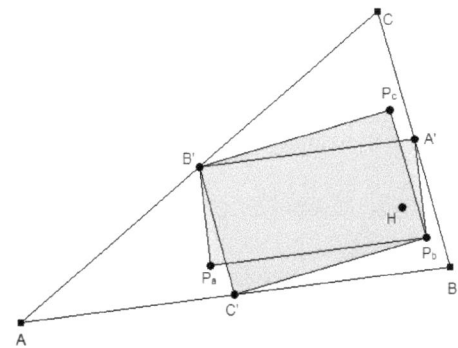

Abbildung 2: Vierecke $P_a P_b B'A'$ und $P_b P_c B'C'$

Man betrachte die beiden Vierecke ☐ $P_aP_bA'B'$ und ☐ $P_bP_cB'C'$.

Bemerkung:

Das Ziel ist es zu zeigen, dass beide Vierecke Rechtecke sind, denn dadurch dass in beiden Vierecken die Diagonale $\overline{PbB'}$ vorhanden ist, würden sie folglich einen gemeinsamen Umkreis besitzen, der durch A',B' und C' geht und somit der Feuerbachkreis wäre. Dann würden die Punkte Pa, Pb, Pc auch auf diesem Kreis liegen und man wäre fertig.

Für das Viereck ☐ $P_aP_bA'B'$ gilt:

Die Seite $\overline{A'B'}$ ist parallel zur Seite $\overline{AB}$ aufgrund der Parallelität der Seiten des Mittendreiecks ΔA'B'C' zum Ausgangsdreieck ΔABC (Lemma 1.5)

$\overline{HA} : \overline{HP_a} = 2:1$, nach Wahl von P_a als Mittelpunkt der Strecke $\overline{HA}$
$\overline{HB} : \overline{HP_b} = 2:1$, nach Wahl von P_b als Mittelpunkt der Strecke $\overline{HB}$

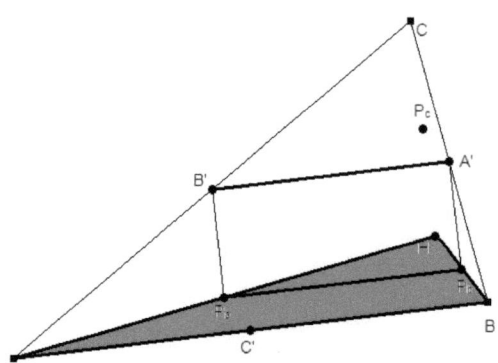

Abbildung 3: Strahlensatzfigur mit Zentrum in H

Unter Verwendung des ersten Strahlensatzes (Lemma 1.0) mit Zentrum in H folgt, dass die Geraden P_aP_b und AB bzw. $\overline{PaPb}$ und $\overline{AB}$ parallel zueinander sind. Aufgrund dessen das „Parallelität" eine Äquivalenzrelation ist, ergibt sich dass wenn $\overline{A'B'}$ ‖ $\overline{AB}$ und $\overline{PaPb}$ ‖ $\overline{AB}$ auch $\overline{A'B'}$ ‖ $\overline{PaPb}$ ist.

Bisher haben wir zwei parallele Seiten eines Vierecks, also ein Trapez.
Für die anderen beiden Seiten des Vierecks gilt:

$\overline{AC} : \overline{AB'} = 2:1$, nach Wahl von B' als Mittelpunkt der Strecke $\overline{AC}$
$\overline{AH} : \overline{APa} = 2:1$, nach Wahl von P_a als Mittelpunkt der Strecke $\overline{AH}$

P. Ceolin

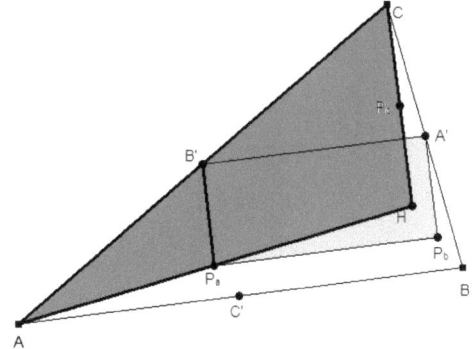

$\overline{BC} : \overline{BA'} = 2:1$, nach Wahl von A' als Mittelpunkt der Strecke $\overline{BC}$
$\overline{BH} : \overline{BPb} = 2:1$, nach Wahl von P_b als Mittelpunkt der Strecke $\overline{HB}$

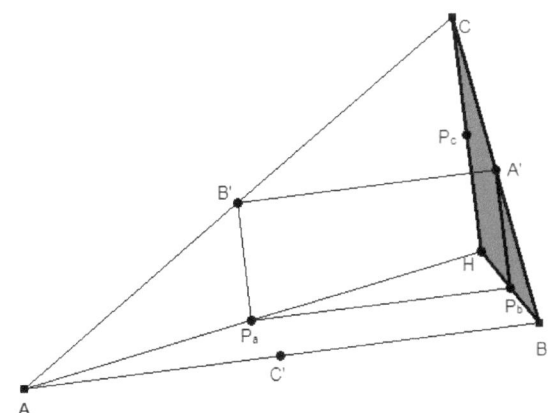

Unter Verwendung der Umkehrung des ersten Strahlensatzes mit Zentrum in B sind die Geraden P_aB' und HC bzw. nach Lemma 1.0 mit Zentrum in H sind die Geraden P_bA' und HC parallel zueinander. Damit folgt dass P_aB' ∥ P_bA' bzw. $\overline{PaB'}$ ∥ $\overline{PbA'}$

Wir haben zwei Paar parallele Seiten eines Vierecks, also ein Parallelogramm, da beide Seiten $\overline{PaB'}$ und $\overline{PbA'}$ parallel zur Gerade HC sind und diese die Höhe des Dreiecks ΔABC senkrecht zu AB und damit auch zu A'B' ist, folgt dass auch beide Seiten $\overline{PaB'}$ und $\overline{PbA'}$ senkrecht zu den Seiten $\overline{A'B'}$ bzw. $\overline{PaPb}$ sind. Damit ergeben sich vier 90° Winkel in dem Viereck □ P_aP_bA'B' also ist es ein Rechteck.

P. Ceolin

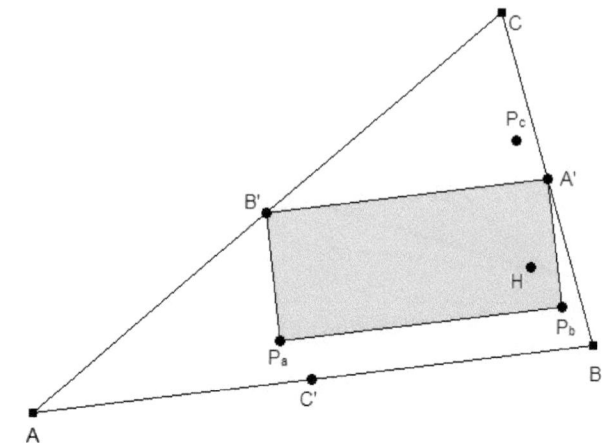

Abbildung 6: Viereck $P_aP_bA'B'$

Für das Viereck □ $P_bP_cB'C'$ wird dies analog gezeigt:

Die Mittendreiecksseite $\overline{B'C'}$ ist parallel zur Dreiecksseite $\overline{BC}$. (Lemma 1.5)

Weiterhin gilt:

$\overline{HB}:\overline{BPb}$ = 2:1 , aufgrund der Wahl von P_b als Mittelpunkt der Strecke $\overline{HB}$
$\overline{HC}:\overline{BPc}$ = 2:1 , aufgrund der Wahl von P_c als Mittelpunkt der Strecke $\overline{HC}$

Nach Anwendung der Umkehrung des ersten Strahlensatzes mit Zentrum in H folgt, dass die Gerade P_bP_c parallel zur Geraden BC bzw. die Dreiecksseiten $\overline{PbPc}$ ∥ $\overline{BC}$. Es folgt, dass auch $\overline{B'C'}$ Parallel zu $\overline{PbPc}$ ist.

Weiterhin gilt:

$\overline{CA}:\overline{CB'}$ = 2:1 , aufgrund der Wahl von A' als Mittelpunkt der Strecke $\overline{AC}$
$\overline{CH}:\overline{CPc}$ = 2:1 , aufgrund der Wahl von P_c als Mittelpunkt der Strecke $\overline{HC}$

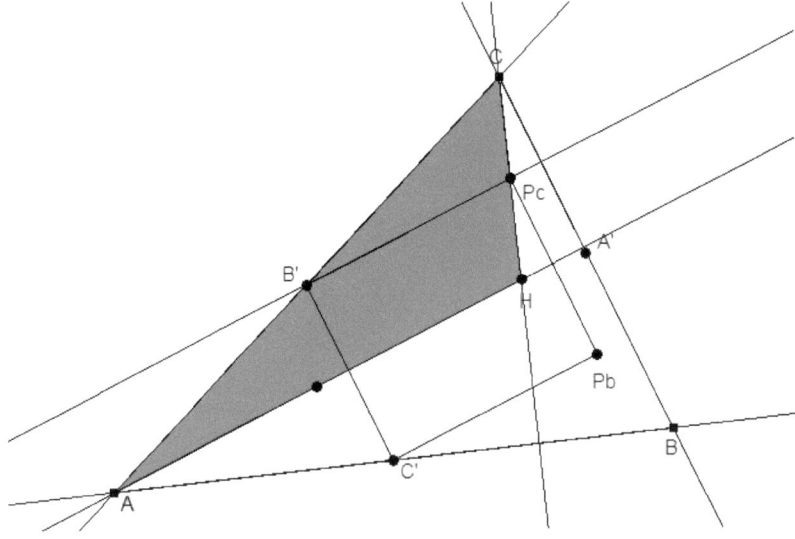

Abbildung 7: Strahlensatzfigur mit Zentrum in C

$\overline{BA}:\overline{BC'} = 2:1$, aufgrund der Wahl von C' als Mittelpunkt der Strecke $\overline{AB}$
$\overline{BH}:\overline{BPb} = 2:1$, aufgrund der Wahl von P_b als Mittelpunkt der Strecke $\overline{HB}$

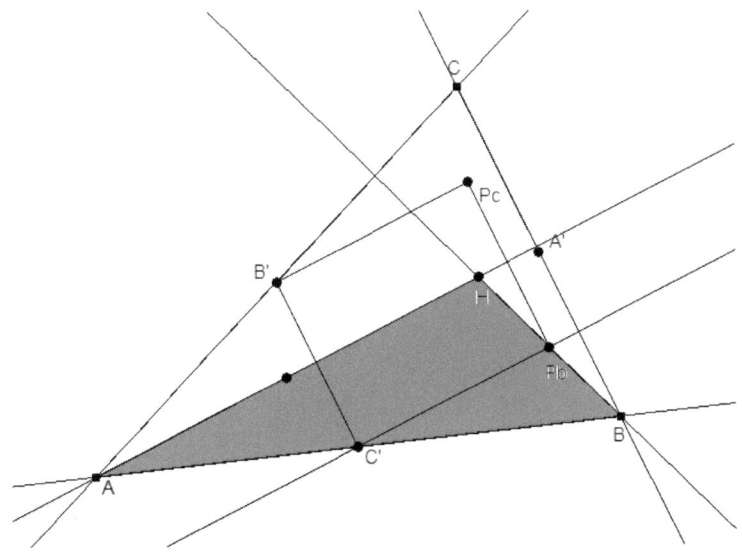

Abbildung 8: Strahlensatzfigur mit Zentrum in B

P. Ceolin

Nach der Umkehrung sind die Geraden B'P_c bzw. C'P_b parallel zur Geraden AH. Da AH die Höhe von A ist, folgt, dass AH senkrecht auf $\overline{AB}$ steht, damit stehen auch B'P_c und C'P_b senkrecht auf $\overline{AB}$ und damit auch auf $\overline{PbPc}$ bzw. $\overline{B'C'}$.
Damit ist gezeigt wurden, dass auch das Viereck ☐ P_bP_cB'C' zwei paar parallele Seiten besitzt, diese im rechten Winkel zueinander stehen, also ein Rechteck ist. Aufgrund der Eigenschaft dass sich die Diagonalen in Rechtecken halbieren, folgt unter Ausnutzung der gemeinsamen Diagonale $\overline{PbB'}$ dass die beiden Rechtecke einem gemeinsamen Umkreismittelpunkt besitzen, dieser sei mit M_f bezeichnet.

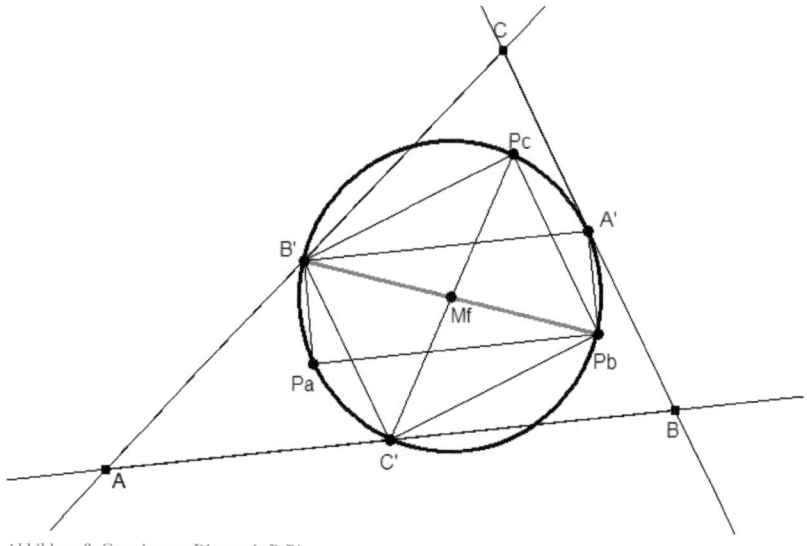

Abbildung 9: Gemeinsame Diagonale P_bB'

Satz 2
Die Höhenfußpunkte liegen auf dem Feuerbachkreis

Beweis:
Seien H_a, H_b, H_c die Höhenfußpunkte der Höhen h_a, h_b, h_c des Dreiecks Δ ABC.

Aufgrund dessen, dass:

H_a und $P_a \in h_a \implies \angle P_aH_aA' = 90°$
H_b und $P_b \in h_b \implies \angle P_bH_bB' = 90°$
H_c und $P_c \in h_c \implies \angle P_cH_cC' = 90°$

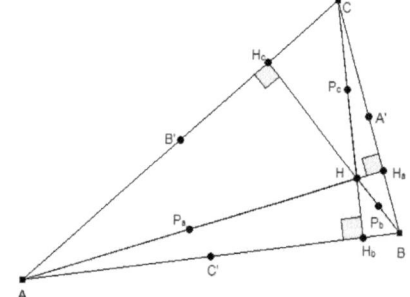

9Abbildung 10: Höhenfußpunkte

P. Ceolin

, folgt nach Satz 1 mit der Rückrichtung des Satzes des Thales (Lemma 1.1), dass die Punkte Elemente des Feuerbachkreises sind.

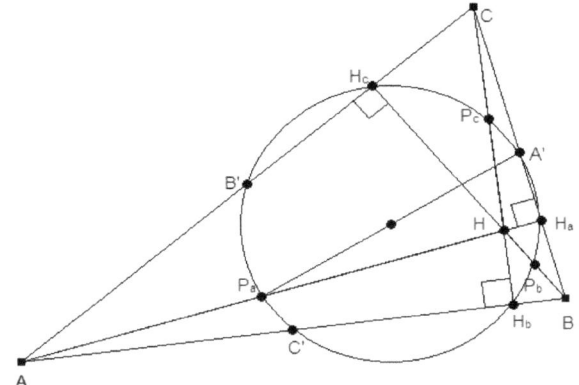

Zusammenfassung:
Die Mittelpunkte der Seiten, die Mittelpunkte der Strecken von den Ecken des Dreiecks zum Höhenschnittpunkt und die Höhenfußpunkte liegen auf einem gemeinsamen Kreis, den Feuerbachkreis.

Satz 3
Der Feuerbachkreis berührt den Inkreis und die drei Ankreise des Dreiecks $\triangle ABC$.

Beweis:
Gegeben ist der Inkreis des Dreiecks $\triangle ABC$ mit I als Mittelpunkt, der Ankreis des Dreiecks $\triangle ABC$ an die Seite $\overline{BC}$ mit Mittelpunkt I_a und die Winkelhalbierende w_A von α gegeben. Der Berührpunkt vom Inkreis bzw. Ankreis mit $\overline{BC}$ ist X bzw. X_a.

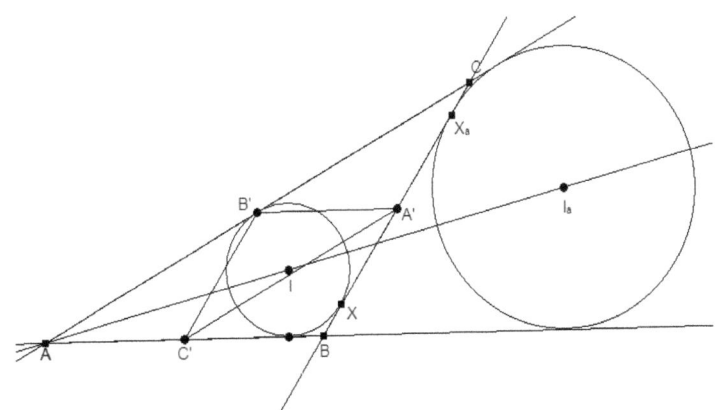

Abbildung 12: Konstruktionsschaubild

10

P. Ceolin

Durch Spiegelung der Geraden BC an der Winkelhalbierenden w_a entsteht die Gerade t (Korollar 1.7). Die Schnittpunkte von t mit der Dreiecksseite $\overline{AC}$ und $\overline{AB}$ sind B_1 bzw. C_1. Die Schnittpunkte von t mit den Geraden A'B' bzw. A'C' ist B'' bzw. C''.
Der Punkt S ist der Schnittpunkt von w_A mit der Geraden BC, ist damit Fixpunkt bei Spiegelung an der Winkelhalbierenden und somit auch Schnittpunkt von den Geraden BC und B_1C_1. Weiterhin ist der Kreis ω über dem Durchmesser $\overline{XX_a}$ gegeben.

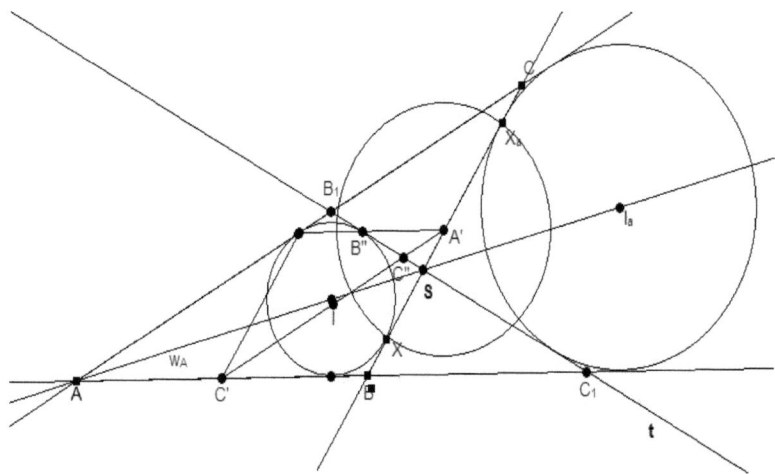

Abbildung 13: Kreis w mit Durchmesser XX_a

Aufgrund dessen, dass der Berührradius $\overline{IX}$ des Inkreises senkrecht auf der im Punkt X angelegten Tangente steht, diese die Gerade BC ist und durch den Mittelpunkt des Kreises ω geht, folgt daraus dass der Berührradius Kreises ω senkrecht auf dem des Inkreises steht, also die Kreise zu einander orthogonal sind. Für den Ankreis mit Berührradius $\overline{I_aX_a}$ gilt dies anlog.
Daraus folgt dass bei Inversion an ω der In- bzw. Ankreis auf sich selbst abgebildet werden (siehe Eigenschaften Kreisinversion).

Lemma: Die Strecken $\overline{BX}$ und $\overline{CX_a}$ sind gleich lang.

Beweis:

Betrachte das Schaubild.
Gegeben sind die Punkte R und Q, als Berührpunkte des Ankreises mit den Geraden AC bzw. AB. Weiterhin sind J und V die Berührpunkte des Inkreises mit den Geraden AC bzw. AB.

11

P. Ceolin

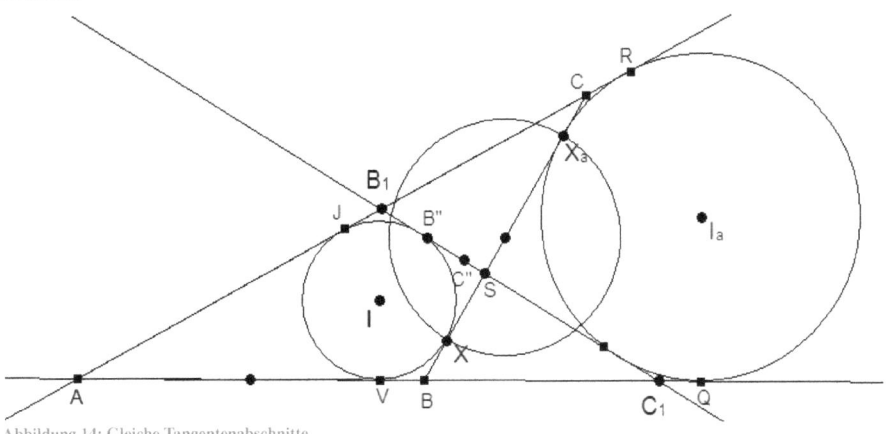

Unter Verwendung von Lemma 1.7 (Tangenten an den Kreis) ergibt sich:

$\overline{AR} = \overline{AQ}$ Daher reicht es im Folgenden die Strecken VQ bzw. JR zu betrachten.
Weiterhin ist: $\overline{VQ} = \overline{VB} + \overline{BQ}$ und $\overline{JR} = \overline{LB1} + \overline{B1R}$.

Auch gilt dass: $\overline{BV} = \overline{BX}$ und $\overline{CR} = \overline{CXa}$.

Skizze:

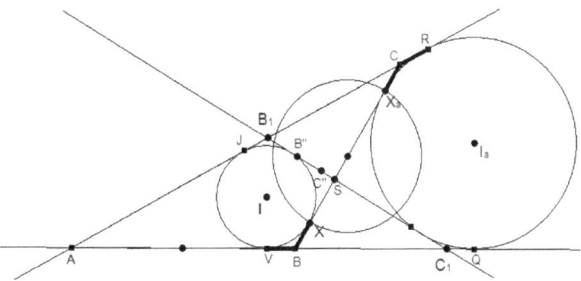

Abbildung 15: Fortsetzung der Tangentenabschnitte

Es folgt: $\overline{VQ} = \overline{BX} + \overline{BXa}$ und $\overline{JR} = \overline{CXa} + \overline{CX}$.

Unter Verwendung dass die Strecke VQ gleich JR, was sich auf $\overline{AR} = \overline{BQ}$ folgern lässt, ergibt sich:
$\overline{BX} + \overline{BXa} = \overline{CXa} + \overline{CX}$, da $\overline{CX} = \overline{CXa} + \overline{XXa}$ und $\overline{BXa} = \overline{BX} + \overline{XXa}$
$\implies \overline{BX} = \overline{CXa} \Leftrightarrow \overline{BX} = \overline{XaC}$

12

P. Ceolin

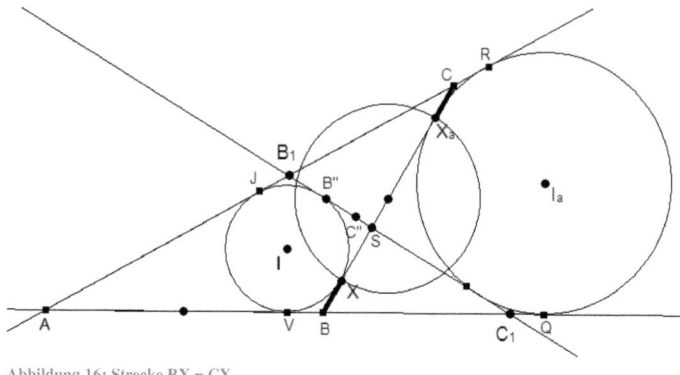

Die Strecke $\overline{BX}$ errechnet sich nach Lemma 1.7 aus dem halben Umfang s des Dreiecks s ($= 0,5 \cdot (a+b+c)$) abzüglich der gegenüberliegenden Dreiecksseite $\Longrightarrow \overline{BX}$ = s-b = $\overline{XaC}$.
Da A' der Seitenmittelpunkt von der Dreiecksseite $\overline{BC}$ ist, folgt dass A' auch der Mittelpunkt der Kreises ω mit Durchmesser $\overline{XXa}$ ist. Für den Durchmesser gilt:

$$\overline{XXa} = a - \overline{BX} - \overline{XXa} = a\text{-}2 \cdot (\text{s-b}) = a - 2 \cdot \left(\frac{a+b+c}{2}\right)\text{-}2b = \text{-b+c}$$

(Falls es eine negative Zahl ist $\Longrightarrow$ b-c, da die Länge positiv ist)

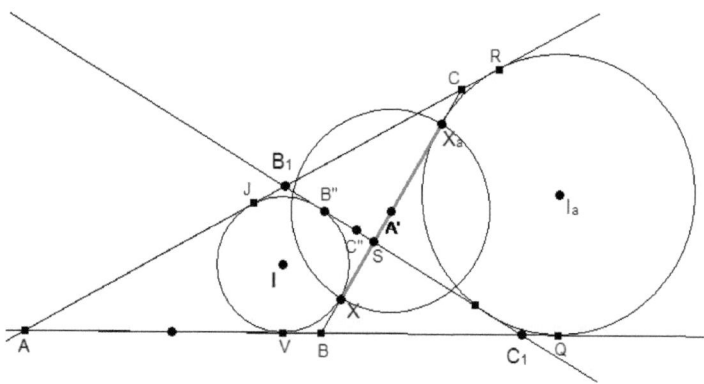

Aufgrund dessen dass auf dem Feuerbachkreis nach Definition die Seitenmitten des Dreiecks Δ ABC liegen, ergibt sich dass der Feuerbachkreis bei Inversion an Kreis ω zu einer Geraden wird, da A' ϵ Feuerbachkreis und Mittelpunkt von Kreis ω ist. (Eigenschaften der Kreisinversion)

Zu zeigen ist nun, dass die Gerade B_1C_1 das Bild vom Feuerbachkreis ist. Dazu überlegt man sich dass die Schnittpunkte B'' und C'' der Geraden B_1C_1 mit den Geraden A'B' und A'C' die Bildpunkte der Urbilder B' bzw. C' bei Inversion an ω sind.

P. Ceolin

Da der Punkt S Schnittpunkt von der Geraden B_1C_1 und BC ist und somit auf der Winkelhalbierenden w_A liegt (Lemma 1.3) teilt dieser die Dreiecksseite $\overline{BC}$ im Verhältnis der Winkelhalbierenden anliegenden Seiten. Es gilt:

$$\frac{\overline{CS}}{\overline{SB}} = \frac{b}{c} \quad \text{weiterhin ist Seite } \overline{BC} = a = \overline{CS} + \overline{SB}.$$

Das heißt $a = \dfrac{a(b+c)}{b+c} = \dfrac{ab}{b+c} + \dfrac{ac}{b+c} = \overline{CS} + \overline{SB}.$

Diese Eigenschaft benötigen wir gleich.

Die halbe Differenz der beiden Strecken ist:

$$0,5 \cdot (\overline{CS} - \overline{SB}) = 0,5 \cdot \left(\frac{ab}{b+c} - \frac{ac}{b+c}\right) = 0,5 \cdot \left(\frac{ab-ac}{b+c}\right) = 0,5 \cdot \left(\frac{a(b-c)}{b+c}\right) = \left(\frac{a(b-c)}{2\cdot(b+c)}\right) = \overline{SA'}$$

Skizze:

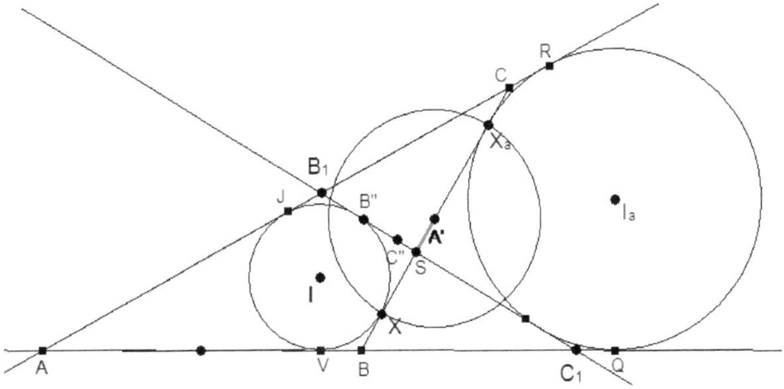

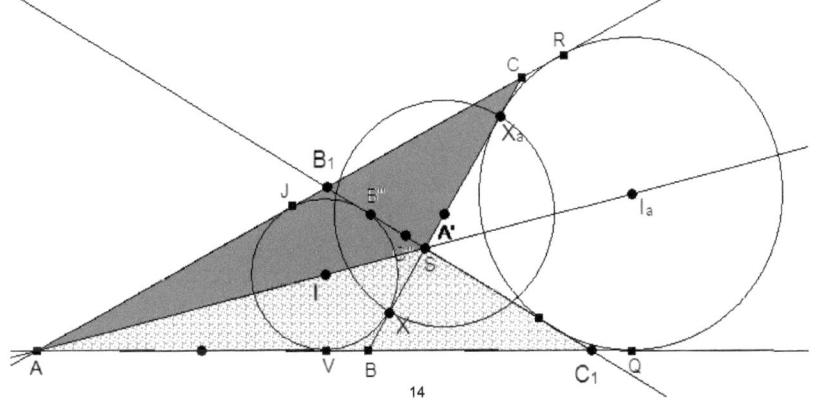

Abbildung 18: Halbe Differenz SA'

Weiterhin ist die Strecke $\overline{BC1} = \overline{AC1} - \overline{AB} = $ b-c $= \overline{AC} - \overline{AB}$, da die Dreiecke Δ SB_1C und Δ SBC_1 kongruent sind, aufgrund der Spiegelung an der Winkelhalbierenden des Dreiecks Δ ASC.

14

Abbildung 19: Spiegelung von Dreieck ASC an der Winkelhalbierenden w_A

P. Ceolin

Da die Gerade A'B' bzw. $\overline{A'B'}$ parallel zu AB und somit auch zu $\overline{BC1}$ ist, folgt nach Anwendung des zweiten Strahlensatzes mit Zentrum in S:

$$\frac{SB}{SA\prime} = \frac{BC1}{A\prime B\prime\prime} \Leftrightarrow SB \cdot A'B'' = BC_1 \cdot SA' = \frac{A\prime B\prime\prime}{BC1} = \frac{SA\prime}{SB}$$

Das ist aber:

$$\frac{SA\prime}{SB} = \frac{\frac{a(b-c)}{2(b-c)}}{\frac{ac}{b+c}} = \frac{\frac{(b-c)}{2}}{c} = \frac{b-c}{2c}$$

Skizze:

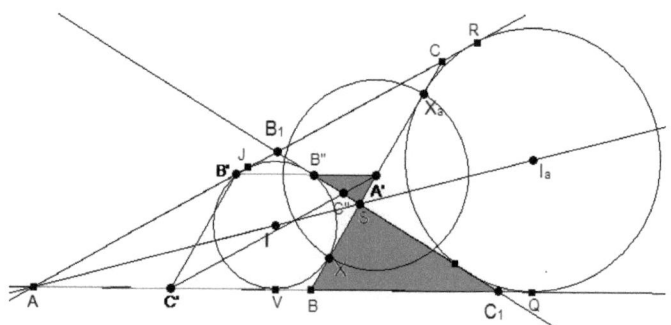

Abbildung 20: Strahlensatzfigur

Da die Gerade A'C' bzw. $\overline{A'C'}$ parallel zur Geraden AC und somit auch zu $\overline{BC1}$ ist, folgt abermals mit Anwendung des zweiten Strahlensatzes mit Zentrum in S:

$$\frac{CS}{SA\prime} = \frac{CB1}{A\prime C\prime\prime} \Leftrightarrow CS \cdot A'C'' = CB_1 \cdot SA' = \frac{A\prime C\prime\prime}{CB1} = \frac{SA\prime}{CS}$$

$$\Rightarrow \frac{SA\prime}{CS} = \frac{\frac{a(b-c)}{2(b-c)}}{\frac{ab}{b+c}} = \frac{\frac{(b-c)}{2}}{b} = \frac{b-c}{2b}$$

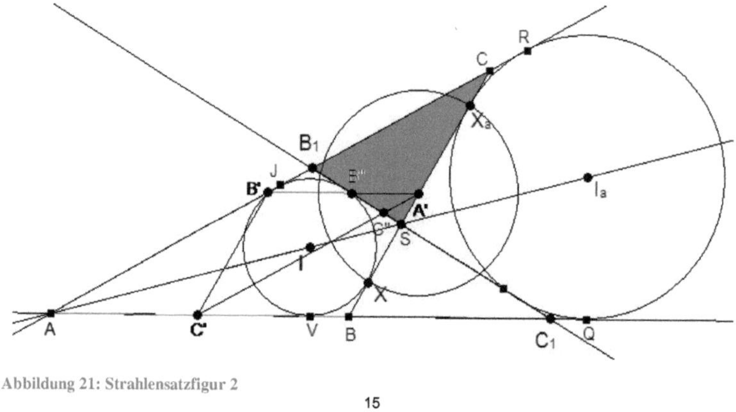

Abbildung 21: Strahlensatzfigur 2

Bemerkung:
Es folgt, dass die Dreiecks Δ SA'B" ~ Δ SBC$_1$ bzw. Δ SA'C"~Δ SCB$_1$ sind, aufgrund des Ähnlichkeitssatzes von drei gleichen Seitenverhältnissen.

Nun verwendet man die folgende Eigenschaft der Kreisinversion:

Die Strecke vom Mittelpunkt des Inversionskreises zum Bildpunkt verhält sich wie der quadrierte Radius dividiert durch die Strecke des Kreismittelpunktes zum Urbild.

$$\overline{A'B''} = \frac{r^2}{\overline{A'B'}} \Leftrightarrow \overline{A'B''} \cdot \overline{A'B'} = \frac{b-c}{2c} \cdot \frac{c}{2} = \left(\frac{(b-c)^2}{4}\right) = \left(\frac{b-c}{2}\right)^2 = r^2$$

Bzw.

$$\overline{A'C''} = \frac{r^2}{\overline{A'C'}} \Leftrightarrow \overline{A'C''} \cdot \overline{A'C'} = \frac{b-c}{2b} \cdot \frac{b}{2} = \left(\frac{(b-c)^2}{4}\right) = \left(\frac{b-c}{2}\right)^2 = r^2$$

Aus $r^2 = \left(\frac{b-c}{2}\right)^2$ **folgt** $r = \frac{b-c}{2}$ das ist genau der Umfang des Kreises $\omega \Rightarrow \omega$ bildet die beiden Punkte B' und C' bei Inversion auf B" bzw. C" ab. Durch die Eindeutigkeit der Geraden durch zwei Punkte ergibt sich dass der Feuerbachkreis, da B' und C' Element des Feuerbachkreises sind, bei Inversion an ω auf die Gerade B$_1$C$_1$ abgebildet wird.

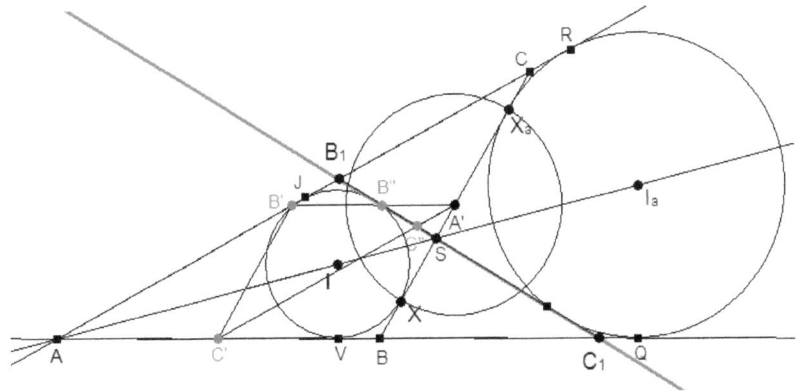

Abbildung 22: B" und C" sind Bildpunkte von B' und C' bei Inversion an Kreis w

Die Gerade B$_1$C$_1$ berührt durch ihre Eigenschaften als Berührtangente den In- bzw. Ankreis des Dreiecks Δ ABC und da sie das Bild des Feuerbachkreises bei Inversion an ω ist, berührt auch dieser den In- bzw. Ankreis des Dreiecks Δ ABC.

Bemerkung:
Der Beweis für die anderen beiden Ankreise erfolgt analog, nur mit entsprechenden Winkelhalbierenden, Berührtangenten und Inversionskreisen.

P. Ceolin

Anhang

Lemma 1.0 (Strahlensätze)

1. Strahlensatz:
Werden zwei Geraden, die sich in einem Punkt H schneiden, von Parallelen in A und B bzw. A' und B' geschnitten, dann gilt das folgende Verhältnis: A'H/AH = B'H/BH

Umkehrung 1. Strahlensatz:
Werden zwei Geraden, die sich in einem Punkt H schneiden, von zwei anderen Geraden in A und B bzw. A' und B' geschnitten und gilt: A'H/AH = B'H/BH , dann sind die AB und A'B' parallel.

2. Strahlensatz:
Werden zwei Geraden, die sich in einem Punkt H schneiden, von Parallelen in A und B bzw. A' und B' geschnitten, dann gilt das folgende Verhältnis: A'B'/AB = A'H/AH

Lemma 1.1 (Satz des Thales)

Sei ein Dreieck Δ ABC gegeben. Mf sei der Mittelpunkt von $\overline{AB}$. Der Winkel γ (Gamma) bei C misst genau dann 90°, wenn der Punkt C auf dem Kreis um Mf mit Radius 0,5* | $\overline{AB}$ | liegt.
Beweis:

„$\Longleftarrow$"

Wenn der Punkt C auf dem Kreis um Mf mit Radius $\overline{AB}$ liegt, dann ist der Winkel γ ein rechter Winkel.
Da Mf als Mittelpunkt der Strecke $\overline{AB}$ gewählt wurde und die Seite $\overline{MfC}$ in beiden Dreiecken Δ AMfC und ΔBMfC vorhanden ist, sind diese Dreiecke gleichschenklig.
Daher können wir nun die Winkelgrößen wie folgt summieren:
Aus der Innenwinkelsumme in Dreiecken folgt, dass $\alpha+\beta+\gamma$ zusammen 180° ergeben müssen.
γ setzt sich aufgrund der gleichschenklichen Dreiecke aus $\alpha+\beta$ zusammen.
Es folgt: $\alpha+\beta+\gamma=180°$ $\leftrightarrow$ $\alpha+\beta+(\alpha+\beta)=180°$ $\leftrightarrow$ $2\alpha+2\beta=180°$ $\leftrightarrow 2(\alpha+\beta)=180°$ $\leftrightarrow$ $2\gamma=180°$ $\leftrightarrow$ y=90°

„$\Longrightarrow$"

Wenn Gamma 90° ist, dann liegt der Punkt C auf dem Kreis um Mf mit Radius | $\overline{AMf}$ |.
Man geht indirekt vor mit einem Widerspruchsbeweis.
Angenommen der Winkel Gamma beträgt 90° und der Punkt C liegt nicht auf dem Kreis um Mf mit Radius | $\overline{AMf}$ |. Dann gibt es folgende zwei Möglichkeiten:

C liegt innerhalb des Kreises

Die Strecke $\overline{AC}$ hat da C innerhalb des Kreises liegt genau einen Schnittpunkt C' mit dem Kreis als Verlängerung der Strecke$\overline{AC}$ der nicht zwischen dem Punkt A und C liegt. Nach dem vorherigen Beweisabschnitt beträgt der Winkel $\angle$ AC'C 90°. Da C' eine Verlängerung von $\overline{AC}$ ist, liegt $\overline{AC}$ auf $\overline{AC'}$ und der Winkel $\angle$ BCC' muss damit rechtwinklig sein.
Das Dreieck Δ BCC', besitzt einen rechten Winkel bei $\angle$ BAC , nach Voraussetzung. Die Innenwinkelsumme von 180° in Dreiecken besagt, dass kein Winkel bei C oder B 90° betragen kann. Das ist aber ein Widerspruch zu unserer Annahme dass C ein rechter Winkel ist.
$\longrightarrow$ C kann nicht innerhalb des Kreises um Mf mit Radius | $\overline{AMf}$ | liegen.

C liegt außerhalb des Kreises

Die Strecke $\overline{AC}$ hat da Ha außerhalb des Kreises liegt genau einen Schnittpunkt C' mit dem Kreis , welcher sich zwischen dem Punkt Pa und Ha befindet. Nach dem vorherigen Beweisabschnitt beträgt der Winkel $\angle$ AC'B 90°. Da C' auf der Strecke $\overline{AC}$ liegt, muss der Winkel $\angle$ BC'C rechtwinklig sein.
Nun betrachtet man das Dreieck Δ BC'C , da die Innenwinkelsumme dieses Dreiecks nicht größer als 180°sein kann, und nach Annahme der Winkel $\angle$ BC'C 90° ist, kann somit nur jeder Winkel bei C kleiner als 90° sein, was ein Widerspruch zu unserer Annahme ist. $\longrightarrow$ C kann nicht außerhalb des Kreises um Mf mit Radius I $\overline{AMf}$ I liegen.

Lemma 1.3 (Eigenschaften der Winkelhalbierenden)

„$\Longrightarrow$"
Ein Punkt P liegt genau dann auf der Winkelhalbierenden wa eines Winkels bei A wenn P von beiden Schenkeln denselben Abstand besitzt.

„$\Longleftarrow$"
wenn ein Punkt P von beiden Schenkeln denselben Abstand besitzt, dann liegt der Punkt P auf der Winkelhalbierden.

Weiterhin:
Die Innenwinkelhalbierenden eines Dreiecks schneiden sich in einem Punkt I. Dieser Punkt ist der Inkreismittelpunkt des Dreiecks.
Die Außenwinkelhalbierenden durch je zwei Ecken eines Dreiecks und die Innenwinkelhalbierende durch die dritte Ecke schneiden sich in einem Punkt Ia. Dieser ist ein Ankreismittelpunkt eines Dreiecks.

Lemma 1.4 (Winkelhalbierende 2. Teil)
Die Winkelhalbierende eines Dreiecks teilt die gegenüberliegenden Seite im Verhältnis der Längen der anliegenden Seiten
Beweis:
In einem Dreieck Δ AbC gilt: 2*Umkreisradius = (a/sin(A))= (b/sin(B))= (c/sin(C)). Die Winkelhalbierende in A sei wa und teile das Dreieck ABC in Δ ABL und Δ ALC, dann gilt: BL/sin(0,5A)=c/sin(L) und LC/sin(0,5A)=b/sin(L) was zu BL/LC = c/b führt.

Lemma 1.5 (Mittendreieck)
Die Seiten eines Mittendreiecks sind parallel zu den Seiten des Augangsdreiecks.
Beweis:
Zentrische Streckung der Eckpunkt an dem Schwerpunkt mit dem Faktor -0,5. Dadurch werden die Eckpunkt auf die gegenüberliegenden Seitenmitten abgebildet. Also sind die Seiten des Mittendreiecks parallel zu den Seiten des Ausgangsdreiecks.

Lemma 1.7 (Tangenten an den Kreis)

In einem Dreieck Δ ABC mit Inkreis I gilt:
Seite a = BX + CX , Seite b = AY + CY , Seite c = AZ + BZ und: x=s-y-z = s-a , y=s-x-z=s-b, z=s-x-y=s-c

P. Ceolin

Beweis:

Korollar 1.7: Legt man zwei Tangenten an einen Kreis von einem außerhalb gelegenen Punkt, so sind die Abstände der Berührpunkte zu diesem Punkt gleichlang.

Das Dreieck Δ ABC kann man nun als eine Verbindung von drei Punkten außerhalb des Kreises betrachten mit den dazugehörigen Tangenten.

So dass folgt:

AY=AZ := x   und   BZ=BX := y   und   CX=CY :=z

Es folgt dass die Dreiecksseiten sich aus den Teilstücken zusammensetzen. Seite a = y+z , entsprechend die Seite b = z+x und die Seite c = x+y. Der Umfang des Dreiecks ergibt sich aus der Addition der Dreiecksseiten, also a+b+c = 2x+2y+2z = U := 0,5•s . Das ist äquivalent zu

s = x+y+z

Umgestellt folgt daraus: x=s-y-z = s-a, y=s-x-z=s-b, z=s-x-y=s-c

Eigenschaften der Kreisinversion

Gegeben Sei ein Kreis ω mit Mittelpunkt M und Radius k.

Für die Inversion eines Punktes P mit Bildpunkt P' und P$\neq$ M gilt:

$$\overline{MP'} = \frac{k^2}{\overline{MP}}$$

Es folgen weitere Eigenschaften:

1. Das Inverse einer nicht durch M gehenden Gerade ist ein Kreis durch M
2. Geraden durch M werden auf sich selbst abgebildet
3. Das Inverse eines Kreises, der nicht durch M geht (ohne den Punkt M selbst) ist wieder ein Kreis der nicht durch M geht.
4. Das Inverse eines Kreises durch M (ohne den Punkt M selbst) ist eine zu dessen Durchmesser durch M orthogonale Gerade
5. Kreise die den Inversionskreis im rechten Winkel schneiden, werden auf sich selbst abgebildet.